Recetas Cetónicas para Principiantes

Las recetas rápidas y deliciosas cetónicas con imágenes de ilustración

Andrew F. Millar

TABLA DE CONTENIDO

Introducción

La dieta cetónica es una dieta muy baja en carbohidratos, alta en grasas y proteína moderada. La idea detrás de la dieta cetónica es que el hígado descompondrá los ácidos grasos en cetonas, que pueden alimentar el cerebro. Las dietas cetónicas a menudo se prescriben para niños con epilepsia intratable porque pueden experimentar control de convulsiones mientras están en este tipo de plan de alimentación. Hay muchas razones para probar una dieta cetónica, pero la razón más grande es la pérdida de peso. Esta dieta le permite perder peso sin entrenar mucho, ya que su cuerpo quema grasa para obtener energía en lugar de carbohidratos. Como resultado, puedes tener más energía, sentirte mejor y tener menos antojos.

Un paso esencial en cualquier dieta es considerar y establecer metas, pensando mucho en poder articular con precisión lo que desea lograr comenzando con una dieta. Debido a las tentaciones de los alimentos y golosinas que pueden hacer que tengamos cuidado con la salud, una dieta keto es una opción fantástica debido a todas las dolencias que puede ayudar a prevenir o complementar.

La mayoría de las personas pueden buscar con seguridad la dieta keto. Sin embargo, lo mejor es hablar con un dietista o médico sobre cualquier cambio significativo en la dieta. Es el caso de las personas con discapacidades que lo subyacen.

Un tratamiento exitoso para las personas con epilepsia farmaco resistente podría ser la dieta keto.

Mientras que la dieta puede ser ideal para personas de cualquier edad, niños y personas mayores de 50 años, los bebés pueden disfrutar de los beneficios más significativos, ya que pueden adherirse fácilmente a la dieta.

Los adolescentes y adultos, como la dieta Atkins modificada o la dieta de bajo índice glucémico, pueden hacerlo mejor con una dieta modificada de keto.

Un proveedor de atención médica debe seguir de cerca; quien esté usando una dieta keto como medicamento. Un médico y dietista pueden monitorear el progreso de una persona, recetar medicamentos y realizar pruebas para detectar efectos adversos.

El cuerpo procesa la grasa de manera diferente a que procesa la proteína de manera diferente a la de los carbohidratos. La respuesta de carbohidratos a la insulina es extrema. La respuesta proteica a la insulina es moderada y la respuesta rápida a la insulina es mínima. La insulina es la hormona que produce grasa / conserva la grasa.

Después de planificar tus proteínas y carbohidratos, come grasa. Puedes comer toda la grasa que quieras mientras no la hagas en exceso. Pero a diferencia de Weight Watchers u otros planes de dieta, no es necesario medir la grasa o contar calorías. Simplemente deja que tu cuerpo te diga cuándo has tenido suficiente. Si comes grasa hasta que estás saciado, no tendrás problemas para consumir demasiadas calorías. Si comes y todavía sientes que necesitas comer más, hazlo. Muchos principiantes en keto se meten en problemas cuando no comen suficiente grasa. El ayuno se puede incorporar a la dieta keto si se hace correctamente. Prueba una de las técnicas intermitentes de ayuno para ayudar a acelerar y mantener la pérdida de peso después de adaptarte al keto.

Los monitores electrónicos pueden ser beneficiosos para realizar un seguimiento de su progreso en casa. Si puede permitírselo, debe obtener un monitor de azúcar en la sangre y un monitor de cetona. Realice un seguimiento de sus azúcares en sangre en ayunas y realice un seguimiento de sus cetonas, asegurándose de que estén dentro del rango de 1,5-3,0 mmol/dL. Además, es posible que desee realizar un seguimiento de su HDL y triglicéridos. Los monitores domésticos se pueden utilizar para hacer esto y permitirle monitorear el progreso con más frecuencia y mantenerse alejado de viajes innecesarios al consultorio del médico.

Por último, recuerda llevar un diario. Es esencial realizar un seguimiento de su progreso y le ayuda a notar no sólo cómo sus triglicéridos pueden estar mejorando, pero si anota lo que come y descubre que no está perdiendo peso, hará que sea más fácil identificar áreas problemáticas donde puede mejorar.

Desayuno

Panqueques de queso crema

Tiempo de preparación: 5 minutos

Tiempo de cocción: 12 minutos Porción: 4

Ingredientes:

o   2 huevos

o   2,5 g de canela

o   55 g de queso crema

o   5 g de sustituto del azúcar granulado

o   120 g de harina de almendras

Indicaciones:

1.   Mezcle todos los ingredientes hasta que estén suaves. Transfiera la mezcla a un tazón mediano y desea un lado durante unos 3 minutos. Engrase una sartén grande antiadherente con mantequilla y agregue 1/4 de mezcla. Esparce la mezcla y cocina hasta que se dore. Voltea el panqueque y deja que se cocine. Hazlo de nuevo para la mezcla restante.

Nutrición:

170 Calorías 4.3g Carbohidratos 14.3g Grasas 6.9g Proteínas

Budín de chía de coco

Tiempo de preparación: 10 minutos

Tiempo de cocción: 25 minutos

Porción: 4

Ingredientes:

- o   250 ml de leche de coco con grasa completa
- o   60 g de semillas de chía
- o   8 g de miel
- o   30 g de almendras
- o   120 g de frambuesas

Indicaciones:

1.   Mezcle la leche de coco, las semillas de chía y la miel en un tazón y refrigere durante la noche.

Nutrición:

158 Calorías 6.5g Carbohidratos 14.1g Grasas 2g Proteínas

Hachís matutino

Tiempo de preparación: 10 minutos

Tiempo de cocción: 30 minutos Porción: 2

Ingredientes:

- 2,5 g de tomillo seco, triturado
- 1/2 cebolla pequeña picada
- 15 g de mantequilla
- Floretes de coliflor de 120 g, hervidos
- 60 g de crema pesada
- Sal y pimienta negra, al gusto
- 450 g de carne de pavo cocida, picada

Indicaciones:

1. Picar finamente las coliflores. Saltee la mantequilla y la cebolla. A continuación, agregue la coliflor picada. Pon pavo y déjalo cocinar. Mezcle la crema pesada y siga mezclándola. Entonces sirve.

Nutrición:

309 Calorías 3.6g Carbohidratos 34.3g Proteína 17.1g Grasa

Revuelta española

Tiempo de preparación: 10 minutos

Tiempo de cocción: 20 minutos

Porción: 2

Ingredientes:

o   45 g de mantequilla

o   30 g de cebolletas, cortados en rodajas finas

o   4 huevos orgánicos grandes

o   1 Chile serrano

o   60 g de crema pesada

o   Cilantro de 30 g, picado finamente

o   1 tomate pequeño picado

o   Sal y pimienta negra, al gusto

Indicaciones:

1.   Mezcle crema, huevos, cilantro, sal y pimienta negra en un tazón. Saltear mantequilla, tomates y pimienta de Serrano. Luego agregue la mezcla de huevo y déjela cocinar. Servir inmediatamente y rematado con cebolletas

Nutrición:

180 calorías

2 g de carbohidratos

6.8g Proteína

16.5g de grasa

Gofres de queso

Tiempo de preparación: 10 minutos

Tiempo de cocción: 20 minutos

Porción: 2

Ingredientes:

- o 120 g de queso parmesano rallado
- o 2 huevos orgánicos batidos
- o 5 g de cebolla en polvo
- o 250 g de queso mozzarella rallado
- o 15 g de cebollinos picados
- o 2,5 g de pimienta negra molida
- o 250 g de coliflor
- o 5 g de ajo en polvo

Indicaciones:

1. Mezcle todos los ingredientes. Engrase una plancha de gofres y caliente. Cocine la mezcla por lotes hasta que se dore. servir.

Nutrición:

149 calorías

6.1gCarbs

13.3g Proteína

8.5g de grasa

Fritita de espinacas

Tiempo de preparación: 20 minutos

Tiempo de cocción: 45 minutos

Porción: 2

Ingredientes:

- o 225 g de tocino seco
- o Espinacas de 900 g, frescas
- o 680 g de queso rallado
- o 7 g de mantequilla
- o 60 g de crema batida pesada
- o 2 huevos
- o Sal y pimienta negra, al gusto

Indicaciones:

1.   Engrasar y precalentar el horno a 360 grados. Caliente la mantequilla en una sartén y agregue el tocino. Cocine hasta que esté crujiente y agregue espinacas. Revuelva bien y manténgalo a un lado. Mezcle los huevos y la crema. A continuación, transfiéralo al plato para hornear.

2.   Agregue la mezcla de espinacas de tocino al plato para hornear y transfiérala al horno. Hornee durante unos 30 minutos y retírelo del horno para servir.

Nutrición:

592 Calorías

3.9g carbohidratos

39.1g Proteína

46.7g de grasa

Keto Avena

Tiempo de preparación: 10 minutos

Tiempo de cocción: 20 minutos

Porción: 2

Ingredientes:

o   30 g de semillas de lino

o   35 g de semillas de girasol

o   500 ml de leche de coco

o   30 g de semillas de chía

o   2 pizcas de sal

Indicaciones:

1.   Mezcle todos los ingredientes en una sartén. Deja que hierva a fuego lento. Despacha en un tazón y sirve caliente.

Nutrición:

337 Calorías 7.8g Carbohidratos

4.9g Proteína 32.6g Grasa

Huevos horneados

Tiempo de preparación: 5 minutos

Tiempo de cocción: 10 minutos

Porción: 2

Ingredientes:

o   2 huevos

o   1350 g de carne molida, cocida

o   900 g de queso cheddar rallado

Indicaciones:

1.   Engrase y precaliente el horno a 390 grados. Coloca la carne molida cocida en un molde para hornear. Haga dos agujeros en la carne molida y rompa huevos en ellos. Cubra con queso cheddar y transfiera el plato para hornear en el horno. Deja que hornee durante 20 minutos. Deje que se enfríe un poco y sirva para disfrutar. Para preparar comidas, puede refrigerar estos huevos horneados durante unos 2 días envueltos en una lámina.

Nutrición:

512 Calorías

1.4g carbohidratos

51 g de proteína

32.8g de grasa

RECETAS VEGETALES

Nuez moscada condimentada

Tiempo de preparación: 10 minutos

Tiempo de cocción: 10 minutos

Porciones: 4

Ingredientes:

o   4 Envides (recortados y reducidos a la mitad)

o   250 ml de agua

o   5-7 g de nuez moscada

o   5 g (picado) Cebollino

o   30 ml De aceite de oliva

o   Sal y pimienta negra al gusto

Indicaciones:

1.   Vierta agua en la olla instantánea y coloque la cesta de vapor sobre ella. Coloca envides en esta cesta de vapor.

2.   Selle la tapa de la olla y cocine durante 10 minutos en modo manual en High. Deje que la presión se libere en 10 minutos naturalmente y luego retire la tapa. Échalos con sal, pimienta, nuez moscada, aceite y cebollino.

3.   Sirva fresco y disfrute.

Nutrición:

63 calorías

7.2g grasa total

0.1g Proteína

0.1g. fibra

Repollo Radas Medre

Tiempo de preparación: 10 minutos

Tiempo de cocción: 15 minutos,

Porciones: 4

Ingredientes:

o   1 cabeza de repollo rojo (triturada)

o   30 g de stock de Verduras

o   250 g (en rodajas) de rábano

o   15 g aminoácido de coco

o   1,2 g (rallado) jengibre

o   15 ml De aceite de oliva

o   3 dientes de ajo picados

Indicaciones:

1.   Deja que tu Instant Pot precalenté en el modo Sauté. Agregue aceite, jengibre y ajo a la olla. Saltee durante 3 minutos y luego agregue los ingredientes restantes.

2.   Selle la tapa de la tapa y cocine durante 12 minutos en ajustes altos manuales. Deje que la presión se libere naturalmente en 10 minutos. Sirva caliente y fresco.

Nutrición:

83 calorías

4.4g de grasa total

2.6g Proteína

2.1g. Fibra

Sauce Paseata Coles de Bruselas

Tiempo de preparación: 10 minutos

Tiempo de cocción: 10 minutos,

Porciones: 4

Ingredientes:

o   455 g (reducido a la mitad) Brotes de Bruselas

o   60 g Caldo de pollo

o   15 g (picado) Cebollas verdes

o   15 g (picado) cebollino

o   250 g De Tomate paseata

Indicaciones:

1.   Agregue brotes, caldo, sal, pimienta negra, paseata, cebollinos, aceite de oliva y cebollas verdes a la Instant Pot.

2.   Selle la tapa de la olla y cocine durante 10 minutos en modo manual en Alto. Deje que la presión se libere naturalmente en 10 minutos.

3.   Sirva fresco.

Nutrición:

112 Calorías 7

.5g De grasa total

4 g de proteína

2.4g. Fibra

Picaduras de brócoli cursi

Tiempo de preparación: 15 minutos

Tiempo de cocción: 10 minutos

Porciones: 4

Ingredientes:

o   455 g de floretes de brócoli

o   120 g de stock de Veggie

o   2 chalotas picadas

o   250 g (rallado) queso Mozzarella

o   15 g (picado) Cilantro

Indicaciones:

1.   Deje que su olla instantánea precalenté en el modo Saeté. Agregue el aceite y las chalotas a la olla y revuelva durante 2 minutos. Agregue los ingredientes restantes excepto el queso mozzarella.

2.   Mezcle bien y luego cubra la mezcla con queso mozzarella. Selle la tapa de la olla y cocine durante 8 minutos en modo manual en Alto. Deje que la presión se libere naturalmente durante 10 minutos. Sirva fresco y disfrute.

Nutrición:

149 calorías

12.1g Grasa total

5.2g Proteína

3 g de fibra

Setas balsámicas

Tiempo de preparación: 10 minutos

Tiempo de cocción: 15 minutos,

Porciones: 4

Ingredientes:

o   455 g (en rodajas) Setas blancas

o   60 g Caldo de pollo

o   250 g (cortado en rodajas) Rábanos

o   15 g (picado) Perejil

Lo que necesitarás del armario de la tienda:

o   30 ml de aceite de aguacate

o   30 ml de vinagre balsámico

o   una pizca de sal y pimienta negra

Indicaciones:

1.   Deja que tu Instant Pot precalenté en el modo Saeté. Agregue aceite y champiñones para saltear durante 5 minutos. Agregue los ingredientes restantes y mezcle bien la tapa de la olla y cocine durante 10 minutos en modo manual en High.

2.   Deje que la presión se libere en 10 minutos y, a continuación, retire la tapa. Sirva fresco y disfrute.

Nutrición:

41 calorías

4.3g de grasa total

3.9g Proteína

1.9g. Fibra

Espinacas glaseadas balsámicas

Tiempo de preparación: 5 minutos

Tiempo de cocción: 12 minutos,

Porciones: 4

Ingredientes:

o   60 g de stock de Verduras

o   680 g Espinaca bebé

o   15 g (picado) nueces

o   15 g (picado) cebollino

o   15 ml de vinagre balsámico

Indicaciones:

1.   Agregue espinacas junto con todos los ingredientes a la Instant Pot. Selle la tapa de la olla y cocine durante 7 minutos en modo manual en High.

2.   Deje que la presión se libere en 5 minutos y, a continuación, retire la tapa. Sirva fresco y disfrute.

Nutrición:

13 calorías

1.2g Grasa total

0.5g Proteína

0.2g. fibra

Setas blancas enredadas

Tiempo de preparación: 10 minutos

Tiempo de cocción: 25 minutos

Porciones: 4

Ingredientes:

o   680 g (en rodajas) Setas blancas

o   250 g de stock de Veggie

o   15 g (picado) Eneldo

o   15 g (picado) romero

o   15 ml de aceite de aguacate

o   20 g Pimentón dulce

o   una pizca de sal y pimienta negra

Indicaciones:

1.   Deja que tu Instant Pot precalente en el modo Saeté. Añadir aceite y champiñones, para saltear durante 5 minutos. Agregue los ingredientes restantes y mezcle bien

2.   Selle la tapa de la olla y cocine durante 10 minutos en modo manual en High. Deje que la presión se libere en 10 minutos y, a continuación, retire la tapa. Sirva fresco y disfrute.

Nutrición:

14 calorías

2.3g de grasa total

0.5g proteína

1.3g. Fibra

Espinacas cremosas de coco

Tiempo de preparación: 5 minutos

Tiempo de cocción: 12 minutos

Porciones: 4

Ingredientes:

o   675 g Espinacas bebé

o   15 g (picado) Cilantro

o   60 g Crema de coco

o   15 g de chile en polvo

o   Sal y pimienta negra

Indicaciones:

1.   Agregue espinacas junto con todos los ingredientes restantes a la Instant Pot. Selle la tapa de la olla y cocine durante 7 minutos en modo manual en High.

2.   Deje que la presión se libere en 5 minutos y, a continuación, retire la tapa. Sirva fresco y disfrute.

Nutrición:

41 calorías

3.9g Grasa total

0.6g Proteína

1 g. fibra

RECETAS DE APERITIVOS

.

Salsa de yogur de coliflor asada y taina

Tiempo de preparación: 10 minutos

Tiempo de cocción: 55 minutos

Porción: 4

Ingredientes

- 60 g de queso parmesano (rallado)
- 45 ml de aceite de oliva
- 2 dientes de ajo (picados)

- 1,2 g de sal
- 1,7 g. de pimienta
- 1 coliflor (cortada en cuatro cuñas)

Para la salsa:

- 120 g de yogur griego
- 15 ml de jugo de limón
- 7 g de taina

- 1,0 g de sal
- 1 pizca de pimentón
- Perejil (picado)

Indicaciones:

1. Precalentar el horno a ciento cincuenta grados centígrados. Mezcle los primeros cinco ingredientes. Frota la mezcla sobre las cuñas de coliflor. Engrase una bandeja para hornear con spray de cocción.

2. Coloque las cuñas de coliflor en la bandeja para hornear. Asar durante cuarenta minutos. Para la salsa, combine el jugo de limón, el yogur, los condimentos y taina en un tazón. Sirva las cuñas de coliflor y rocíe la salsa taina en la parte superior. Decorar con perejil.

Nutrición:

179,6 calorías

7.6g Proteína

15.4g Grasa

Pizza con costra de calabacín

Tiempo de preparación: 10 minutos

Tiempo de cocción: 45 minutos

Porción: 6

Ingredientes

o   2 huevos grandes (batidos)

o   500 g de calabacín (rallado, exprimido)

o   120 g de queso mozzarella (rallado)

o   80 g de queso parmesano (rallado)

o   60 g de harina

o   15 ml de aceite de oliva

o   25 g de albahaca (picada)

o   5 g de tomillo (picado)

Para los ingredientes:

o   350 g de pimiento rojo dulce (asado, en juliana)

o   250 g de queso mozzarella (rallado)

o   120 g de pepearon de pavo (en rodajas)

Indicaciones:

1.   Precalentar el horno a 200 grados centígrados. Combine los primeros ocho ingredientes enumerados en un tazón. Transfiera la mezcla a una sartén engrasada. Extienda la mezcla y presione uniformemente hacia la base.

2.   Hornea durante dieciséis minutos. Añade los ingredientes de la pizza. Hornea durante doce minutos. Corta la pizza usando un cortador de pizza. Sirva caliente.

Nutrición:

226.3 Calorías

13.6g Proteína

8.6g Carbohidratos

Setas de albahaca rellena- Aciago

Tiempo de preparación: 10 minutos

Tiempo de cocción: 35 minutos

Porción: 4

Ingredientes

- o 24 Setas Portobello (retire los tallos)
- o 120 g de mayonesa
- o 185 g de queso Aciago (rallado)
- o 80 g de hojas de albahaca (retire los tallos)
- o 1,2 g de pimienta blanca
- o 12 tomates cherre (cortados a la mitad)

Indicaciones:

1. Precalentar el horno a ciento cincuenta grados centígrados. Engrase un molde para hornear con spray de cocina. Coloca las tapas de champiñones en el plato. Hornea los champiñones durante diez minutos.

2. Combine el queso, la mayonesa, la pimienta y la albahaca de Asiago en un procesador de alimentos. Mezcle bien. Llene las tapas de champiñones con la mezcla de queso y albahaca. Cubra cada gorro de champiñones con medio tomate.

3. Hornea durante diez minutos. Sirva caliente.

Nutrición:

36.6 Calorías

2.3g Proteína

3.3g de grasa

Rotuladas de queso y calabacín

Tiempo de preparación: 10 minutos

Tiempo de cocción: 25 minutos

Porción: 6

Ingredientes

o   250 g de queso ricota

o   60 g de queso parmesano (rallado)

o   30 g de albahaca (picada)

o   15 g de alcaparras

o   25 g de aceitunas griegas (picadas)

o   5 g de ralladura de limón (rallado)

o   30 ml de jugo de limón

o   0,5 g de pimienta

o   1 g de sal

o   4 calabacines

Indicaciones:

1.   Combine los primeros nueve ingredientes enumerados en un tazón. Corta el calabacín en veinticuatro rebanadas a lo largo. Engrase un estante a la parrilla con spray de cocina. Cocine las rodajas de calabacín durante tres minutos.

2.   Agregue una cucharada de la mezcla de queso ricotta en un extremo de las rodajas de calabacín. Enrolla las rebanadas. Asegure usando palillos de dientes. Sirva inmediatamente.

Nutrición:

29.4 Calorías

3.5g de proteína

1.6g de grasa

Nuggets de pollo con costra de batata

Tiempo de preparación: 10 minutos

Tiempo de cocción: 30 minutos

Porción: 4

Ingredientes

o   250 g de patatas fritas

o   60 g de harina

o   5 g de sal

o   2,5 g de pimienta molida (molida)

o   1,2 g de polvo de hornear

o   15 g de maicena

o   450 gde solomillos de pollo (cortados en trozos de media pulgada)

o   Aceite (para freír)

Indicaciones:

1.   Caliente el aceite en una sartén grande. Agregue la harina, las patatas fritas, la sal, el polvo de hornear y la pimienta en un procesador de alimentos. Pulse los ingredientes para hacer una mezcla molida.

2.   Tira las piezas de pollo en maicena. Sacude el exceso de maicena. Mezcle la mezcla de chip. Presione suavemente las piezas de pollo para el recubrimiento. Freír las pepitas de pollo durante tres minutos. Sirva caliente.

Nutrición:

305,6 calorías

26.6g Proteína

18.9g De grasa

Setas rellenas de alcachofa y espinacas

Tiempo de preparación: 10 minutos

Tiempo de cocción: 40 minutos

Porciones: 6

Ingredientes

o   85 g de queso crema

o   120 g de mayonesa

o   250 g de crema agria

o   4 g de sal de ajo

o   1 lata de corazones de alcachofa (picados)

o   290 g de espinaca (picada)

o   80 g de queso mozzarella (rallado)

o   45 g de queso parmesano (rallado)

o   30 setas grandes (retire los tallos)

Indicaciones:

1.   Precalentar el horno a 200 grados centígrados. Combine los primeros cuatro ingredientes enumerados en un tazón. Añade espinacas, alcachofa, tres cucharadas. De queso parmesano y queso mozzarella.

2.   Coloca los champiñones en una bandeja grande para hornear forrada con papel de aluminio. Agregue una cucharada del relleno en las tapas de champiñones. Espolvoree el queso parmesano restante de la parte superior. Hornea durante veinte minutos.

Nutrición:

52.2 Calorías

2.6g Proteína

5.6g Grasa

Envolturas de lechuga de salchicha de ensalada Cobb

Tiempo de preparación: 10 minutos

Tiempo de cocción: 25 minutos

Porciones: 6

Ingredientes

o   180 g de aderezo ranchero para ensaladas

o   80 g de queso azul (desmenuzado)

o   60 g de berro (picado)

o   455 g de salchicha de cerdo

o   30 g de cebollinos (picados)

o   6 hojas de lechuga iceberg

o   1 aguacate (pelado, cortado en cubos)

o   4 huevos hervidos (picados)

o   1 tomate (picado)

Indicaciones

1.   Combine el queso azul, el aderezo y el berro en un tazón. Caliente un poco de aceite en una sartén de hierro. Añade la salchicha. Cocine durante siete minutos y desmenuza. Añade los cebollinos.

2.   Coloca la mezcla de salchichas en las hojas de lechuga. Cubra la mezcla de salchichas con huevos, tomate y aguacate. Rocíe la mezcla de aderezo en la parte superior. Sirva inmediatamente.

Nutrición:

430.6 Calorías

16.5g Proteína

39.6g Grasa

Frittata de setas y espárragos

Tiempo de preparación: 10 minutos

Tiempo de cocción: 45 minutos Porción: 8

Ingredientes

- o 8 huevos grandes
- o 120 g de queso ricota
- o 30 ml de jugo de limón
- o 2,5 g de sal
- o 1,2 g de pimienta
- o 15 ml de aceite de oliva
- o 225 g de lanzas de espárragos
- o 1 cebolla (en rodajas)
- o 80 g de pimienta verde dulce
- o 85 g de setas Portobello (en rodajas)

Indicaciones:

1. Precalentar el horno a ciento cincuenta grados centígrados. Combine el queso ricota, los huevos, la pimienta, el jugo de limón y la sal en un tazón. Caliente el aceite en una sartén de hierro. Agregue la cebolla, los espárragos, los champiñones y la pimienta roja. Cocine durante ocho minutos. Retire los espárragos de la sartén.

2. Corta las lanzas de espárragos en trozos de dos pulgadas. Devuelve las lanzas a la sartén. Añadir la mezcla de huevos. Hornee en el horno durante veinte minutos. Deja que la fritita se siente durante cinco minutos.

3. Corta la fritita en cuñas. Sirva caliente.

Nutrición:

132.2 Calorías

9.3g Proteína

8.2g Grasa

RECETAS DE ALMUERZO

Sopa de coliflor, puerro y tocino

Tiempo de preparación: 10 minutos

Tiempo de cocción: 2 horas y 10 minutos

Porciones: 4

Ingredientes

o   950 g de caldo de verduras o pollo

o   1/2 cabeza de coliflor; cortado en trozos pequeños

o   5 tiras de tocino

o   1 puerro; cortado en trozos pequeños

o   Pimienta y sal al gusto

Indicaciones

1.   Coloque los trozos de puerro y coliflor en una olla grande y luego llene la olla con caldo de pollo. Llevarlo a ebullición sobre ajustes de calor moderados hasta que esté tierno, durante 1 a 1-1/2 horas. Para crear una sopa suave; puré de las verduras usando una licuadora de inmersión.

2.   Microondas las tiras de tocino en ajustes de alto calor durante un minuto y luego cortado en trozos pequeños; dejando caer los trozos en la sopa. Cocine durante 30 minutos más en entornos a fuego lento. Agregue la pimienta y la sal al gusto

Nutrición:

222 calorías

15 g de grasa total

8.5g proteína

Sopa de gota de huevo

Tiempo de preparación: 10 minutos

Tiempo de cocción: 20 minutos

Porciones: 2

Ingredientes

o   Una pizca de hojuelas de pimiento rojo

o   Caldo de hueso de 950 g o 2 cubos de caldo grandes más 4 tazas de agua

o   Pimienta recién molida

o   2 huevos, grandes

Indicaciones

1.   Revuelve los huevos con un poco de pimienta fresca en un tazón grande; reservar.

2.   Ahora, sobre ajustes de calor alto en una olla pequeña; añadir caldo de hueso & una pizca de hojuelas de pimiento rojo. Llevarlo a ebullición y luego, agitar lentamente la mezcla de huevo; seguir mezclando y llevarlo a ebullición de nuevo.

Nutrición:

75 calorías

4.8g grasa total

6.4g proteína

Sopa de pimiento rojo asado

Tiempo de preparación: 15 minutos

Tiempo de cocción: 40 minutos Porciones: 8

Ingredientes:

o   455 g de arroz de coliflor o coliflor picado

o   1150 g de pimientos dulces

o   Edulcorante de 8 g

o   500 g media y media

o   6 g de sal

o   250 g de caldo de pollo o verduras

Indicaciones

1.   Coloca los pimientos dulces en una sola capa sobre una bandeja para hornear de gran tamaño y asa hasta que se ablanden ligeramente, durante media hora, a 400 F.

2.   Mientras tanto, añade el caldo y la coliflor a una olla grande. Deje hervir a fuego lento hasta que los pimientos estén hechos, a fuego medio.

3.   Agregue la coliflor, los pimientos, la mitad del caldo y los ingredientes sobrantes a una licuadora. Licúe hasta que quede suave, durante uno o dos minutos. Agregue la mezcla a la olla de nuevo y cocine hasta que se caliente a través de

Nutrición:

254 calorías

16 g de grasa total

14 g de proteína

Sopa de enchilada de pollo verde

Tiempo de preparación: 10 minutos

Tiempo de cocción: 20 minutos

Porciones: 4

Ingredientes

- 5 g de ajo en polvo
- 680 g de coles de Bruselas, en rodajas finas
- Aderezo César, para mojar
- 30 g de parmesano recién rallado
- 15 ml de aceite de oliva

Indicaciones

1. Combine el queso crema junto con salsa, caldo de pollo y queso cheddar en una licuadora; mezclar en ajustes altos hasta que quede completamente suave.

2. Vierta la mezcla en una cacerola, preferiblemente de tamaño mediano & cocine a fuego medio hasta que esté caliente; asegurarse de que no lo lleve a ebullición.

3. Agregue el pollo rallado; cocinar hasta que se caliente, durante 3 a 5 minutos más.

4. Decorar con más de cheddar rallado & cilantro picado. Sirva inmediatamente y disfrute.

Nutrición:

108 calorías

8.6g grasa total

2.9g proteína

Sopa de ajo asado

Tiempo de preparación: 15 minutos

Tiempo de cocción: 20 minutos

Porciones: 6

Ingredientes:

- 1 cabeza de coliflor, grande, picada (aproximadamente 5 tazas)
- 2 bulbos de ajo; capas externas peladas pero manteniendo intactos los clavos individuales; más cortarlo en 1/4″ desde la parte superior
- 1450 g de caldo de verduras sin gluten
- 15 ml de aceite de oliva virgen extra, dividido
- 3 chalotas picadas
- Pimienta recién molida y sal marina, al gusto

Indicaciones:

1. Precaliente el horno a 400 F con antelación. Coloque la bombilla de ajo en un cuadrado de papel de aluminio & abrigo con 1/2 cucharadita de aceite de oliva. Caliente en el horno preparado aproximadamente durante media hora.

2. Una vez hecho esto, deja que se enfríe ligeramente. Retire la lámina de aluminio y exprimir el ajo de cada clavo de olor.

3. Mientras tanto, vierta el aceite de oliva sobrante en una cacerola, preferiblemente de tamaño mediano. Calentar a fuego medio-alto y añadir las chalotas picadas; saltear durante 4 a 6 minutos, hasta que esté tierno y empiece a dorar.

4. Agregue el ajo asado junto con los ingredientes sobrantes a la cacerola. Cubrir y llevar todo a ebullición. Una vez hirviendo; disminuir los ajustes de calor a bajo y dejar hervir a fuego lento hasta que la coliflor se ablande, durante 15 a 20 minutos más.

5. Suelte la mezcla en la licuadora o procesador de alimentos. Puré en ajustes altos hasta que quede suave. Espolvorea pimienta y sal al gusto. Servir & disfrutar.

Nutrición:

73 calorías 2.7g de grasa total 2.9g Proteína

Sopa de cebolla francesa

Tiempo de preparación: 20 minutos

Tiempo de cocción: 45 minutos

Porciones: 6

Ingredientes

o 4 gotas de eritreíto o stevia/2 cucharadita. Nativo o Eritreíto

o 550-560 g de cebolla marrón mediana; picada

o 75 g de mantequilla

o 700 g De carne de vacuno

o Aceite de oliva de 60 ml

Indicaciones

1. A fuego medio-bajo en una olla, preferiblemente de tamaño mediano a grande calienta el aceite de oliva y la mantequilla. Una vez derretido; añadir en las cebollas & 1 cucharadita de sal.

2. Cocine hasta que las cebollas se vuelvan doradas, durante 20 minutos, descubiertas, revolviendo con frecuencia. Agregue la stevia & cocine durante 5 minutos más.

3. Añadir caldo a la cacerola; disminuir los ajustes de calor a bajo y dejar hervir a fuego lento durante 25 minutos más.

4. Coloca la sopa en cuencos de sopa separados; servir inmediatamente y disfrutar.

Nutrición:

218 calorías

19 g de grasa total

3.5g de proteína

Sopa cremosa de brócoli y puerro

Tiempo de preparación: 10 minutos

Tiempo de cocción: 20 minutos

Porciones: 4

Ingredientes

o   280 g de brócoli; cortar el núcleo y cortar en rodajas finas; dividir el resto en pequeños floretes

o   1 puerro; bien enjuagado y finamente picado

o   225 g de queso crema

o   120 g de albahaca, fresca

o   700 ml de agua

o   1 diente de ajo

o   85 ml de aceite de oliva

o   Pimienta y sal al gusto

Indicaciones

1.   Coloque el núcleo de brócoli en rodajas y el puerro en una olla; llenar con agua (suficiente para cubrir). Sazona con sal y lleva todo a ebullición en ajustes de calor alto hasta que el tallo de brócoli se pueda perforar fácilmente con un cuchillo, durante un par de minutos.

2.   Agregue los floretes y el ajo. Disminuya los ajustes de calor &deje hervir a fuego lento hasta que el brócoli esté tierno y se vuelva verde brillante, durante un par de minutos más.

3.   Agregue el queso crema, el aceite de oliva, la albahaca y la pimienta negra recién molida. Mezcle la sopa con una licuadora de inmersión hasta obtener la consistencia deseada. Sirva y disfrute.

Nutrición:

482 Calorías 30 g de grasa total 46 g de proteína

Caldo de pollo

Tiempo de preparación: 15 minutos

Tiempo de cocción: 8 horas y 10 minutos

Porciones: 10

Ingredientes

o   20 hojas frescas de albahaca (10 para la olla lenta y 10 para decorar)

o   Un pollo entero

o   5 rebanadas gruesas de jengibre, frescas

o   Un tallo de hierba de limón fresca, cortada en trozos grandes

o   1 lima mediana

o   Sal al gusto

Indicaciones

1.   Coloca pollo junto con jengibre, 10 hojas de albahaca, hierba de limón y sal en la parte inferior de tu olla lenta. Agregue agua a su olla lenta.

2.   Cocine de 8 a 10 horas en entornos a fuego lento. Coloca el caldo en un tazón grande o una jarra; añadir sal al gusto & exprimir el jugo de lima fresco. Decorar el caldo con hojas frescas de albahaca picadas.

Nutrición:

357 calorías

15 g de grasa total

43 g de proteína

RECETAS LATERALES

Calabacín al horno Gratín

Tiempo de preparación: 40 minutos

Tiempo de cocción: 25 minutos

Porciones: 2

Ingredientes:

o   1 calabacín grande, cortado en rodajas de 1/4 de pulgada de espesor

o   Sal rosa del Himalaya

o   30 g de queso Brie, enjuagado

o   15 g de mantequilla

o   Pimienta negra recién molida

o   80 g de queso Gruyere rallado

o   60 g de cortezas de cerdo trituradas

Indicaciones:

1.   Salar las rodajas de calabacín y ponerlas en un colador en el fregadero durante 45 minutos; los calabacín arrojarán gran parte de su agua. Precaliente el horno a 400 °F.

2.   Cuando el calabacín ha estado "llorando" durante unos 30 minutos, en una cacerola pequeña a fuego medio-bajo, calienta el Brie y la mantequilla, revolviendo ocasionalmente, hasta que el queso se haya derretido y la mezcla se combine por completo, aproximadamente 2 minutos.

3.   Coloca el calabacín en un molde para hornear de 8 pulgadas para que las rodajas de calabacín se superpongan un poco. Sazona con pimienta. Vierta la mezcla brie sobre el calabacín, y cubra con el queso Gruyere rallado.

4.   Espolvorea las cortezas de cerdo trituradas sobre la parte superior. Hornee durante unos 25 minutos, hasta que el plato esté burbujeando y la parte superior esté bien dorada, y sirva.

Nutrición:

355 calorías 25 g de grasa total 2 g de fibra 28 g de proteína

Rábanos asados con salsa de mantequilla marrón

Tiempo de preparación: 10 minutos

Tiempo de cocción: 15 minutos

Porciones: 2

Ingredientes:

o   490 g de rábanos cortados a la mitad

o   15 ml de aceite de oliva

o   Sal rosa del Himalaya

o   Pimienta negra recién molida

o   30 g de mantequilla

o   15 g de perejil italiano fresco de hoja plana picado

Indicaciones:

1.   Precalentar el horno a 450°F. En un tazón mediano, mezcle los rábanos en el aceite de oliva y sazone con sal rosa del Himalaya y pimienta. Extienda los rábanos en una bandeja para hornear en una sola capa. Asar durante 15 minutos, revolviendo a mitad de camino.

2.   Mientras tanto, cuando los rábanos han estado asando durante unos 10 minutos, en una cacerola pequeña de color claro a fuego medio, derrite la mantequilla por completo, revolviendo con frecuencia y sazona con sal rosa del Himalaya. Cuando la mantequilla comience a burbujas y espuma, continúe revolviendo. Cuando el burbujeo disminuye un poco, la mantequilla debe ser un buen marrón nuez. El proceso de dorado debe tardar 3 minutos en total. Transfiera la mantequilla dorada a un recipiente a prueba de calor (uso una taza).

3.   Retire los rábanos del horno y divídalos entre dos platos. Coloca la mantequilla marrón sobre los rábanos, cubre con el perejil picado y sirve.

Nutrición:

181 calorías 19 g de grasa total 2 g de fibra 1 g de proteína

Frijoles verdes parmesanos y de corteza de cerdo

Tiempo de preparación: 5 minutos

Tiempo de cocción: 15 minutos

Porciones: 2

Ingredientes:

o   225 g de judías verdes frescas

o   30 g de cortezas de cerdo trituradas

o   Aceite de oliva de 30 ml

o   15 g de queso parmesano rallado

o   Sal rosa del Himalaya

o   Pimienta negra recién molida

Indicaciones:

1.   Precaliente el horno a 400°F. En un tazón mediano, combine los judías verdes, las cortezas de cerdo, el aceite de oliva y el queso parmesano. Sazona con sal rosa del Himalaya y pimienta, y lávate hasta que los frijoles estén bien recubiertos.

2.   Esparce la mezcla de frijoles en una bandeja para hornear en una sola capa y asa durante unos 15 minutos. En el punto medio, dale un poco de batido a la sartén para mover los frijoles o simplemente darles un gran revuelo. Divida los frijoles entre dos platos y sirva.

Nutrición:

175 calorías

15 g de grasa total

3 g de fibra

6 g de proteína

Filetes de coliflor pesto

Tiempo de preparación: 5 minutos

Tiempo de cocción: 20 minutos

Porciones: 2

Ingredientes:

- Aceite de oliva de 30 ml, más para cepillar
- 1/2 coliflor de cabeza
- Sal rosa del Himalaya
- Pimienta negra recién molida
- 490 g de hojas frescas de albahaca
- 120 g de queso parmesano rallado
- 60 g de almendras
- 120 g de queso mozzarella rallado

Indicaciones:

1. Precalentar el horno a 425°F. Cepille una bandeja para hornear con aceite de oliva o forre con una alfombra para hornear de silicona. Para preparar los filetes de coliflor, retire y deseche las hojas y corte la coliflor en rodajas de 1 pulgada de espesor. Puedes asar los desmenuzados extra de florete que se caen con los filetes.

2. Coloque los filetes de coliflor en la bandeja para hornear preparada y cepille con el aceite de oliva.

3. Quieres la superficie ligeramente recubierta para que se caramelice. Sazona con sal rosa del Himalaya y pimienta. Asa los filetes de coliflor durante 20 minutos.

4. Mientras tanto, ponga la albahaca, el queso parmesano, las almendras y 2 cucharadas de aceite de oliva en un procesador de alimentos (o licuadora), y sazone con sal rosa del Himalaya y pimienta. Mezcle hasta que se combine. Esparce un poco de pesto encima de cada filete de coliflor, y cubre con el queso mozzarella. Vuelva al horno y hornee hasta que el queso se derrita, aproximadamente 2 minutos. Coloque los filetes de coliflor en dos platos y sirva caliente.

Nutrición:

448 Calorías 34 g de grasa total 7 g de fibra 24 g de proteína

Ensalada de tomate, aguacate y pepino

Tiempo de preparación: 5 minutos

Tiempo de cocción: 5 minutos

Porciones: 2

Ingredientes:

- 120 g de tomates de uva, cortados a la mitad
- 4 pepinos persas pequeños o 1 pepino inglés, pelados y finamente picados
- 1 aguacate, finamente picado
- 65 g de queso feta desmenuzado
- Aderezo para ensalada de vinagreta de 30 ml (uso vinagreta griega de cocina primigenia)
- Sal rosa del Himalaya
- Pimienta negra recién molida

Indicaciones:

1. En un tazón grande, combine los tomates, pepinos, aguacate y queso feta. Agregue la vinagreta y sazone con sal rosa del Himalaya y pimienta. Mezcle para combinar bien. Divida la ensalada entre dos platos y sirva.

Nutrición:

258 calorías

23 g de grasa total

6 g de fibra

5 g de proteína

Palitos crujientes de calabacín de corteza de cerdo

Tiempo de preparación: 5 minutos

Tiempo de cocción: 25 minutos

Porciones: 2

Ingredientes:

o   2 calabacín medio, cortado a la mitad a lo largo y sin semillas

o   60 g de cortezas de cerdo trituradas

o   60 g de queso parmesano rallado

o   2 dientes de ajo picados

o   30 g de mantequilla derretida

o   Sal rosa del Himalaya

o   Pimienta negra recién molida

o   Aceite de oliva, para rociar

Indicaciones:

1.   Precaliente el horno a 400°F. Forre una bandeja para hornear con papel de aluminio o una alfombra para hornear de silicona. Coloque las mitades de calabacín cortadas en la bandeja para hornear preparada. En un tazón mediano, combine las cortezas de cerdo, el queso parmesano, el ajo y la mantequilla derretida, y sazone con sal rosa del Himalaya y pimienta. Mezcle hasta que esté bien combinado.

2.   Coloca la mezcla de corteza de cerdo en cada palillo de calabacín y rocía cada uno con un poco de aceite de oliva. Hornee durante unos 20 minutos, o hasta que la cobertura esté dorada. Encienda el pollo de engorde para terminar de dorar los palos de calabacín, de 3 a 5 minutos, y sirva.

Nutrición:

231 calorías

20 g de grasa total

2 g de fibra

Chips de queso y guacamole

Tiempo de preparación: 10 minutos

Tiempo de cocción: 10 minutos

Porciones: 2

Ingredientes:

Para las patatas fritas de queso

o   250 g de queso rallado

Para el Guacamole

o   1 aguacate, machacado

o   Jugo de 1/2 lima

o   5 g de jalapeño cortado en cubos

o   30 g de hojas de cilantro frescas picadas

o   Sal rosa del Himalaya

o   Pimienta negra recién molida

Indicaciones:

1.   Para hacer las patatas fritas de queso

2.   Precalentar el horno a 350°F. Forre una bandeja para hornear con papel pergamino o una alfombra para hornear de silicona. Agregue 1/4 de taza de montículos de queso rallado a la sartén, dejando mucho espacio entre ellos, y hornee hasta que los bordes estén marrones y los medios se hayan derretido por completo, aproximadamente 7 minutos.

3.   Ajuste la sartén en un estante de refrigeración y deje que las patatas fritas de queso se enfríen durante 5 minutos.

4.   Las patatas fritas serán flojas cuando salgan por primera vez del horno, pero se crujientes a medida que se enfríen.

5.   Para hacer el Guacamole

6.   En un tazón mediano, mezcle el aguacate, el jugo de lima, el jalapeño y el cilantro, y sazone con sal rosa del Himalaya y pimienta. Cubra las patatas fritas con el guacamole y sirva.

Nutrición:

323 calorías 27 g de grasa total 5 g de fibra 15 g de proteína

Ensalada de coliflor "Papa"

Tiempo de preparación: 10 minutos, más 3 horas para relajarse

Tiempo de cocción: 25 minutos

Porciones: 2

Ingredientes:

o   1/2 coliflor de cabeza

o   15 ml de aceite de oliva

o   Sal rosa del Himalaya

o   Pimienta negra recién molida

o   Mayonesa de 80 g

o   Mostaza de 15 g

o   60 g de eneldo cortado en cubos

o   5 g de pimentón

Indicaciones:

1.   Precaliente el horno a 400°F. Forre una bandeja para hornear con papel de aluminio o una alfombra para hornear de silicona. Corta la coliflor en trozos de 1 pulgada. Poner la coliflor en un tazón grande, añadir el aceite de oliva, sazonar con la sal rosa del Himalaya y pimienta, y tirar para combinar.

2.   Extienda la coliflor en la bandeja para hornear preparada y hornee durante 25 minutos, o simplemente hasta que la coliflor comience a dorar. A mitad del tiempo de cocción, dale a la sartén un par de batidos o revuelve para que todos los lados de la coliflor se cocinen.

3.   En un tazón grande, mezcle la coliflor junto con la mayonesa, la mostaza y los pepinillos. Espolvoree el pimentón en la parte superior y enfríe en el refrigerador durante 3 horas antes de servir.

Nutrición:

386 calorías 37 g de grasa total 5 g de fibra 5 g de proteína

Conclusión

Si estás buscando una dieta que funcione y te dé los resultados que deseas, entonces es hora de llevar tu salud y rendimiento al siguiente nivel. También es una de las maneras más efectivas de reducir el apetito y sentirse lleno. También es una cura natural para la diabetes, la epilepsia y la enfermedad de Alzheimer.

Esta dieta keto es una dieta baja en carbohidratos y alta en grasas que aumenta la capacidad de tu cuerpo para quemar grasa como combustible. El propósito principal de la dieta cetónica es hacer que su cuerpo haga cetonas, que son compuestos producidos por el hígado utilizados como una fuente de combustible alternativa para su cuerpo en lugar de glucosa (azúcar). Estas cetonas sirven entonces como una fuente de combustible en todo el cuerpo, especialmente para el cerebro.

En menos de 5 años, la dieta keto ha pasado de ser una dieta de moda notoria a un respetado régimen de salud y bienestar con alto contenido de proteínas. Una cantidad cada vez mayor de personas están decidiendo vivir sin carbohidratos. Se basan únicamente en alimentos que forman grasas como carne, pescado, huevos, queso, mantequilla y aceite de coco para su ingesta calórica.

Esta tendencia ha ido ganando terreno durante más de 30 años con personas que siguen dietas como Atkins. La razón de este reciente aumento de popularidad se puede atribuir en parte al documental de 2014 The Carbohydrate Addict, que se centra en la teoría del Dr. Robert Atkins de que los carbohidratos juegan un papel central en las enfermedades cardíacas.

Poco después de su liberación, la dieta cetónica se utilizó como la columna vertebral de una nueva tendencia conocida como dietas "cetogénicas" o "bajas en carbohidratos". Estas dietas bajas en carbohidratos afirman que al restringir los carbohidratos de su plan de comidas diarias, su cuerpo se volverá eficiente en la quema de grasa como combustible en lugar de glucosa. El propósito de seguir un régimen de este tipo es crear su propio estado "cetónico" en el que su cuerpo naturalmente se volverá eficiente en la quema de grasa almacenada dentro del hígado y los músculos para la energía en lugar de carbohidratos.

Lo primero para lo que las personas deben estar preparadas es para los signos de que el cuerpo cambia a cetosis. Estos incluyen mal aliento, pérdida de peso, disminución del apetito, y debilidad potencial en las etapas iniciales. Es normal tener estas reacciones mientras se hace la dieta keto. También puede ser útil estar familiarizado con los signos y síntomas de la gripe keto, que pueden afectar a las personas con diferentes gravedades. Por último, deben tener una idea de cuánto tiempo necesitarán para mantenerse en una dieta para lograr los resultados deseados. Algunas personas eligen hacer keto estándar hasta que alcanzan sus metas de pérdida de peso y luego eligen una forma menos vigorosa de la dieta para mantener las libras fuera. Para las personas que tienen problemas estomacales al comenzar la dieta, cambiar a grasas que son más fáciles de digerir puede ser un movimiento inteligente para las etapas iniciales. Agregar fibra a la dieta también puede ayudar a regular el intestino y aliviar esos síntomas incómodos.

Después de pasar por la gripe keto, aquí están los beneficios de la dieta. Algunas personas deciden mantenerse en el plan de comidas a largo plazo. Aunque no se recomienda hacer keto completo durante más de un año, mantener algún tipo de dieta a largo plazo puede ayudar a asegurar que los objetivos cumplidos no se pierdan. Para asegurarse de que mantenerse en una dieta es simple y fácil, las personas deben centrarse en comer grasas de calidad que ayudan sin problemas a su cerebro y función corporal. Si el cuerpo no tiene que trabajar duro para digerir los alimentos, la persona generalmente tendrá más energía y se sentirá mejor en general.

9 781803 019888